별숲 어린이 STEM 학교
나도 될 수 있다! 과학 수사대

초판 1쇄 인쇄 2020년 10월 5일 | 초판 1쇄 발행 2020년 10월 12일
글 클로디아 마틴 | **그림** 케이티 키어 | **옮김** 이계순 | **감수** 박근영 | **편집** 최현경 | **디자인** 손은영
펴낸곳 별숲 | **펴낸이** 방일권 | **출판등록** 제2018-000060호 | **주소** 서울특별시 마포구 양화로 133, 서교타워 1506호
전화 02-332-7980 | **팩스** 02-6209-7980 | **전자우편** everlys@naver.com

ISBN 978-89-97798-95-7 74500
ISBN 978-89-97798-94-0 (세트)

- 이 책 내용의 전부 또는 일부를 사용하려면 반드시 저작권자와 별숲 양측의 서면 동의를 받아야 합니다.
- 책값은 뒤표지에 표시되어 있습니다.
- 잘못된 책은 바꾸어 드립니다.
- 문학의 감동과 즐거움이 가득한 별숲 카페로 초대합니다. (http://cafe.naver.com/byeolsoop)

Copyright © Arcturus Holdings Limited
www.arcturuspublishing.com
All rights reserved.

Korean translation copyright © 2020 by Byeolsoop
Korean translation rights arranged with ARCTURUS PUBLISHING
through EYA(Eric Yang Agency).

이 책의 한국어판 저작권은 EYA(Eric Yang Agency)를 통해 ARCTURUS PUBLISHING과 독점계약한 별숲에 있습니다.
저작권법에 의하여 한국 내에서 보호를 받는 저작물이므로 무단전재와 복제를 금합니다.

이 도서의 국립중앙도서관 출판예정도서목록(CIP)은 서지정보유통지원시스템 홈페이지(http://seoji.nl.go.kr)와
국가자료종합목록 구축시스템(http://kolis-net.nl.go.kr)에서 이용하실 수 있습니다. (CIP제어번호 : CIP2020038632)

STEM이란?
과학(Science), 기술(Technology), 공학(Engineering), 수학(Mathematics)에 통합적으로 접근하여, 이 과목에 대한 학생들의 관심과 흥미를 증진하고자 노력하는 세계적인 인재 양성 방법입니다.

차례

시작! 과학 수사 ……………… 4	전염병과 바이러스 ……………40
지문 채취 ………………………… 6	필적 감정 …………………………42
발자국 조사 ……………………… 8	크로마토그래피 …………………44
DNA 표본 ………………………10	컴퓨터 파일 ………………………46
DNA 검사 ………………………12	전파 추적 …………………………48
미세 증거물 ……………………14	목격자 진술 ………………………50
증거물 훼손 ……………………16	알리바이 …………………………52
치아 기록 ………………………18	거짓말 탐지기 ……………………54
키 예측 …………………………20	이제 나도 과학 수사대! ………56
그림자 분석 ……………………22	
소리 분석 ………………………24	깜짝 퀴즈 …………………………58
조각이나 액체가 튄 흔적 ……26	정답과 풀이 ………………………60
녹아내린 증거 …………………28	주요 개념 …………………………62
화학 반응 ………………………30	추천하는 글 ………………………64
가루 물질 ………………………32	
천 조각 …………………………34	
자석 이용 ………………………36	
미생물 분석 ……………………38	

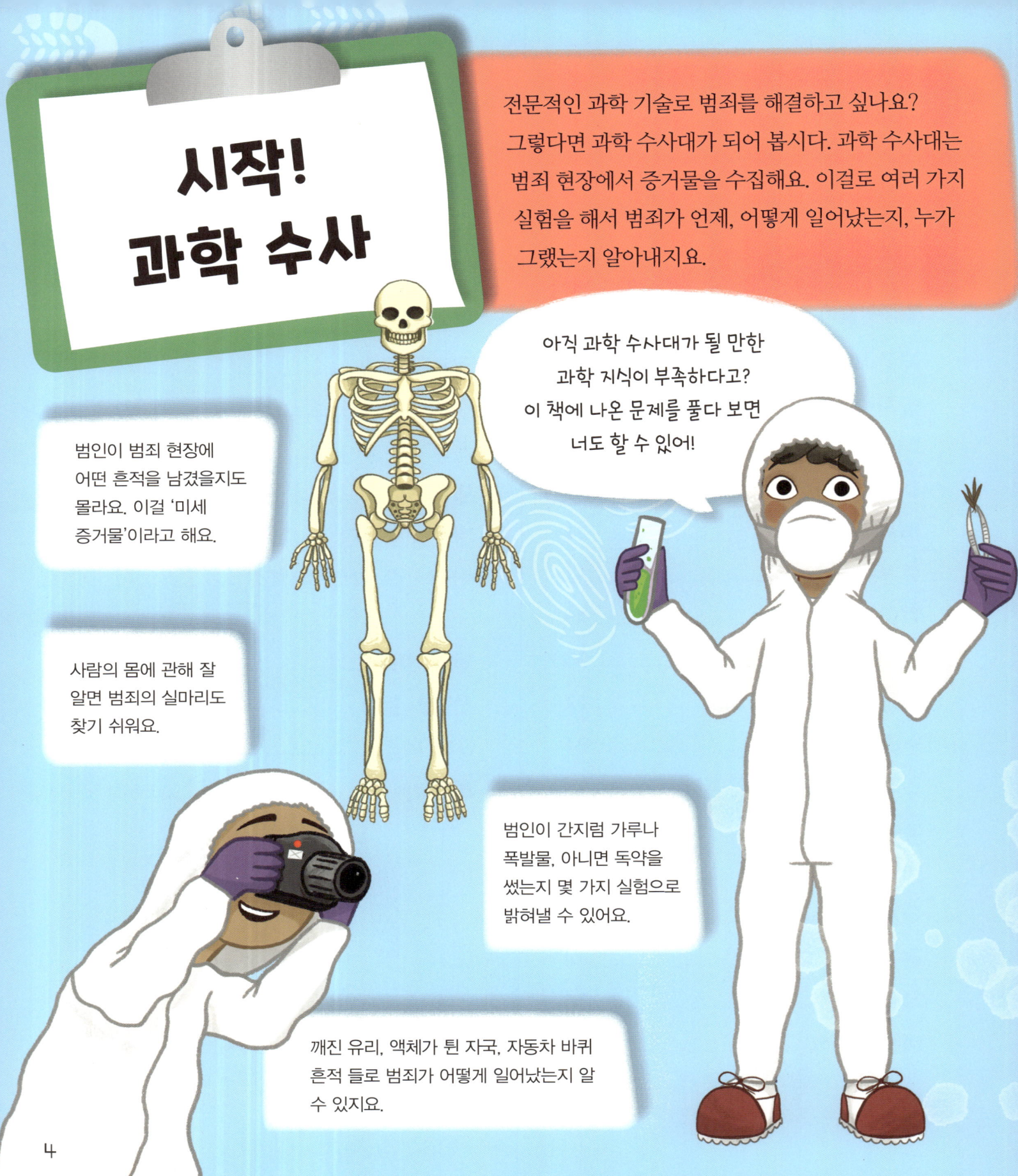

장비 가방을 꾸려 보자

첫 번째 범죄 현장으로 달려가기 전에 장비 가방을 준비해 봅시다. 증거물을 수집할 장비뿐만 아니라 깨끗한 보호복과 마스크, 장갑도 챙겨야 해요. 그래야 현장에 우리 흔적을 남기지 않을 수 있으니까요.

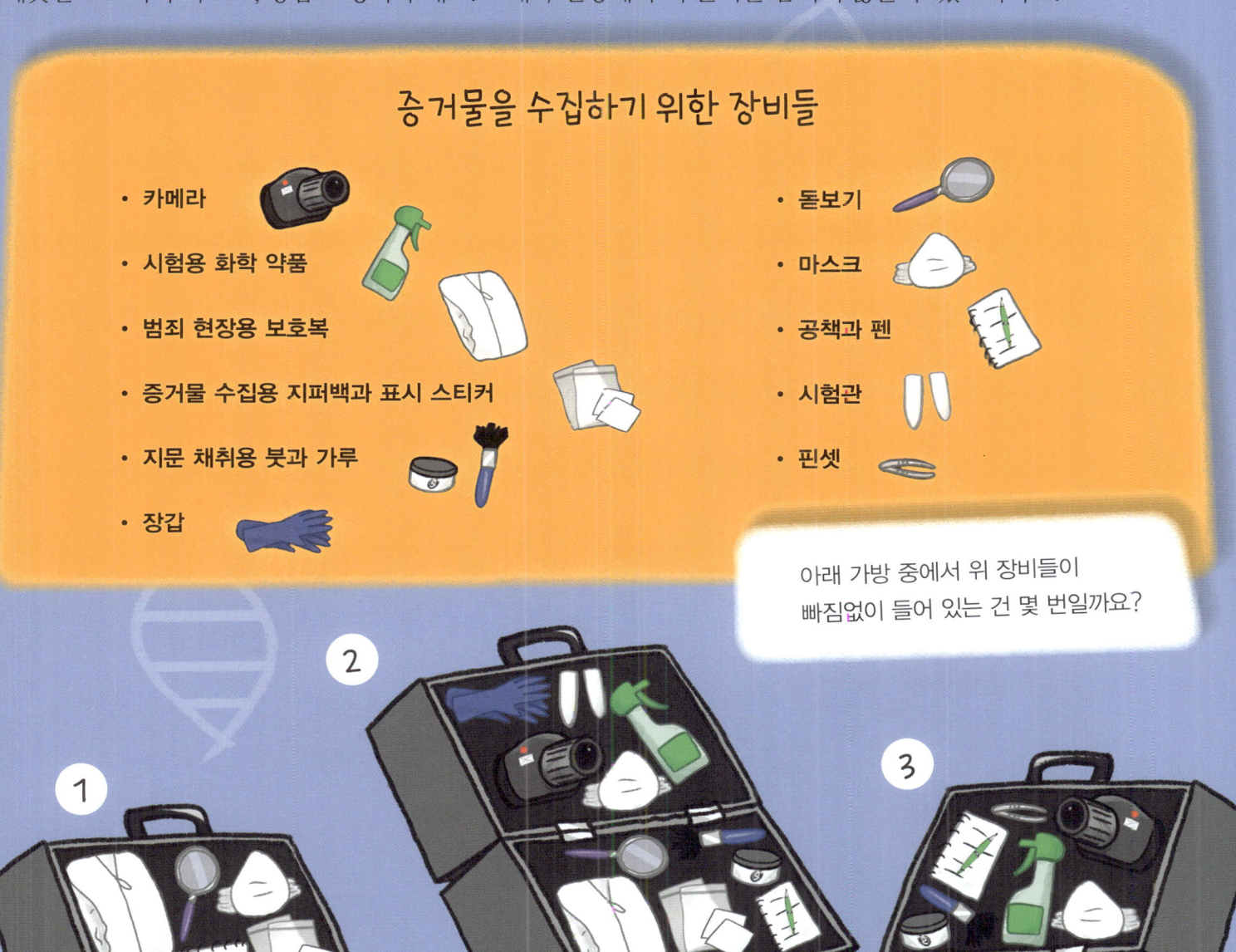

증거물을 수집하기 위한 장비들

- 카메라
- 시험용 화학 약품
- 범죄 현장용 보호복
- 증거물 수집용 지퍼백과 표시 스티커
- 지문 채취용 붓과 가루
- 장갑
- 돋보기
- 마스크
- 공책과 펜
- 시험관
- 핀셋

아래 가방 중에서 위 장비들이 빠짐없이 들어 있는 건 몇 번일까요?

지문 채취

손가락 끝마디 안쪽 살갗에는 아주 자잘한 곡선 무늬가 있어요. 그래서 우리가 매끄러운 물건을 만지면, 표면에 이 무늬대로 땀 흔적이 남아요. 이것을 손가락무늬, 또는 지문이라고 하지요. 과학 수사대는 지문을 좀 더 선명하게 볼 수 있도록 가루를 뿌려서 확인해요.

모든 사람은 저마다 지문 모양이 조금씩 달라요. 따라서 범죄 현장에서 지문을 찾으면, 누가 남긴 흔적인지 알아낼 수 있어요!

지문이 사람마다 다르긴 하지만, 몇 가지 종류로 나눌 수 있어. 크게 활무늬, 고리무늬, 소용돌이무늬가 있지.

활무늬
고리무늬
이중 고리무늬
혼합무늬
소용돌이무늬

지문을 채취해 보자

경찰관이 용의자를 체포하면, 잉크와 종이를 사용하여 지문을 채취해요. 우리도 한번 지문을 채취해 봅시다. 여러분 손가락에도 활무늬나 고리무늬, 소용돌이무늬가 보이나요?

준비합시다
- 흰 종이 2장
- 뭉툭한 연필
- 투명 테이프
- 가위

1. 종이 위의 한 부분을 연필로 새카맣게 칠해요. 여러 번 긋고 또 그어서 진하게 만들어요.

2. 물기 없는 깨끗한 손가락 끝을 연필로 칠한 부분에 문질러요.

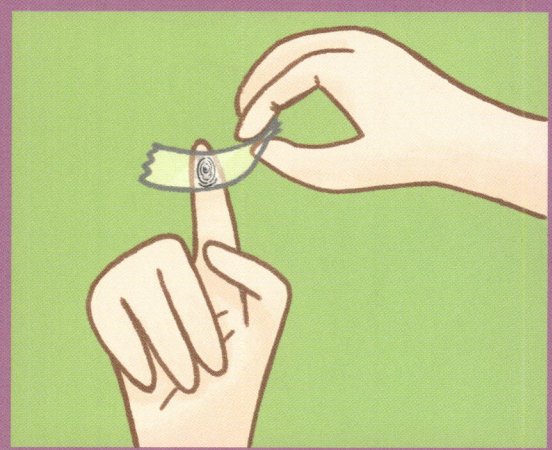

3. 손가락 끝에 투명 테이프를 붙였다가 조심스럽게 떼어 내요. 이제 지문 채취가 다 되었어요.

4. 지문이 묻은 테이프를 깨끗한 종이에 붙이고, 밑에 누구의 어떤 손가락 지문인지 적어요. 다른 손가락으로도 해 보거나, 친구와 가족의 지문도 채취해 보세요.

발자국 조사

범인이 범죄 현장에 발자국을 남길 때도 있어요. 축축한 진흙 바닥을 밟거나, 그 신발로 건물 안에서 돌아다니면 발자국이 남아요. 과학 수사대는 그 발자국에 액체 석고를 부어요. 석고가 딱딱하게 굳고 나서 진흙만 털어 내면 발자국 모양이 남지요. 이 발자국을 용의자의 신발과 비교해 보는 거예요.

신발의 종류나 상표에 따라 밑창 무늬가 조금씩 달라요.

신발 여러 개를 뒤집어서 밑창이 어떻게 생겼는지 비교해 봐. 신발마다 서로 다르게 생겼지? 지문처럼 말이야.

사람들은 제각각 다르게 걸어요. 발을 질질 끌며 걷는 사람도 있고, 발바닥 바깥쪽에 힘을 주며 걷는 사람도 있지요. 그런 걸음걸이 특징이 발자국에도 나타나요.

발자국을 따라가 보자

여기는 초원 농장. 누군가 갓 구운 쿠키를 몰래 먹어 치웠어요. 발자국을 따라가면서, 여러분의 범죄 해결 기술로 쿠키를 먹어 치운 용의자를 찾아내 보세요!

  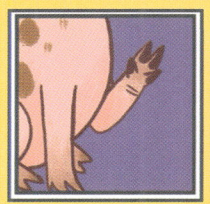  

1번 용의자 **2번 용의자** **3번 용의자** **4번 용의자** **5번 용의자** **6번 용의자**
농부 피오나   농부 프레드   양치기 개 샘   돼지 퍼시   거위 거트루드   까치 멀린

DNA 표본

우리 몸은 '세포'라는 아주 작은 기본 단위로 이루어져 있어요. 세포 안에는 길고 가느다란 실뭉치처럼 생긴 DNA 분자가 들어 있고요. DNA에는 우리 몸의 세포들이 어떻게 성장하고 무슨 기능을 할지 지시하는 내용이 담겨 있어요. 부모에게서 자식으로 전달되는 내용이지요. DNA는 우리 몸에다 머리를 하나 만들고 심장이 뛰도록 하라거나, 또는 머리카락을 빨간색이나 검은색으로, 눈동자는 갈색이나 파란색으로 만들라고 지시해요.

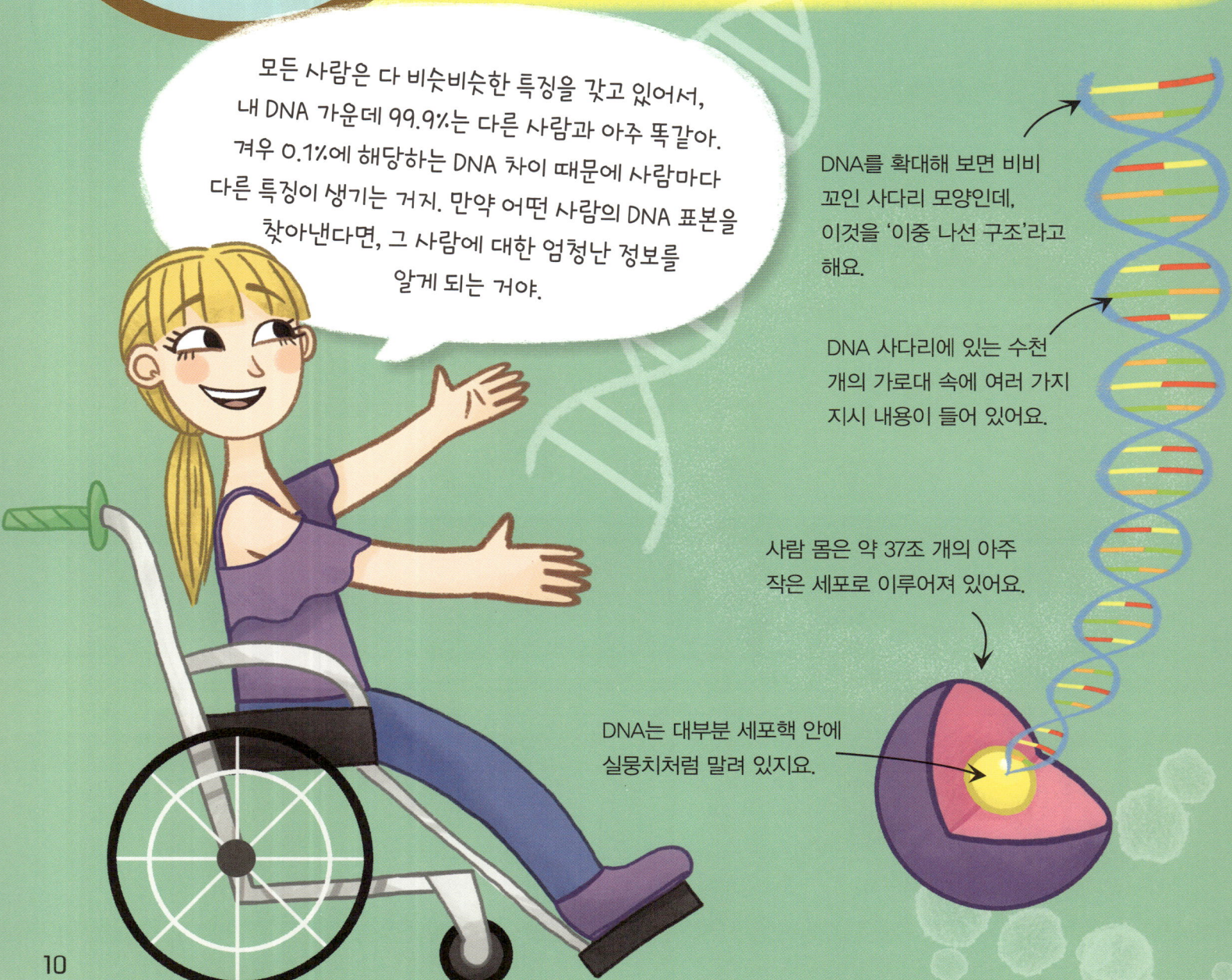

모든 사람은 다 비슷비슷한 특징을 갖고 있어서, 내 DNA 가운데 99.9%는 다른 사람과 아주 똑같아. 겨우 0.1%에 해당하는 DNA 차이 때문에 사람마다 다른 특징이 생기는 거지. 만약 어떤 사람의 DNA 표본을 찾아낸다면, 그 사람에 대한 엄청난 정보를 알게 되는 거야.

DNA를 확대해 보면 비비 꼬인 사다리 모양인데, 이것을 '이중 나선 구조'라고 해요.

DNA 사다리에 있는 수천 개의 가로대 속에 여러 가지 지시 내용이 들어 있어요.

사람 몸은 약 37조 개의 아주 작은 세포로 이루어져 있어요.

DNA는 대부분 세포핵 안에 실뭉치처럼 말려 있지요.

DNA 표본을 찾아보자

과학 수사대는 각질이나 깎은 손톱, 머리카락 들을 찾아 DNA 표본을 채취해요. 피, 땀, 토사물, 눈물, 귀지, 오줌, 똥, 침, 콧물처럼 몸에서 나오는 거의 모든 물질에 DNA가 들어 있지요. 자, 여러분은 이제 범죄 현장에 증거물 수집용 지퍼백을 가지고 들어갔습니다. DNA 표본이 있을 만한 물건 다섯 개에 표시해 보세요.

DNA 검사

과학 수사관이 범죄 현장에서 DNA가 있을 만한 물건을 찾으면 일단 실험실로 가져가서 검사해요. 가장 먼저 세포에서 DNA를 추출하지요. 그런 다음 현장에서 찾아낸 DNA와 용의자들의 DNA를 비교해서, 일치하는 사람이 있는지 확인해요.

어떤 사람의 DNA를 검사한다고 해서 그 사람의 생김새나 행동을 정확하게 다 알 수는 없어. 사람은 매우 복잡하기 때문이지. 그래도 DNA를 검사해서 여기 나온 다섯 가지 정보 정도는 알아낼 수 있단다.

1. 눈동자 색깔이 파랑이나 초록처럼 밝은색인가, 갈색이나 검정처럼 어두운색인가, 아니면 옅은 갈색인가.

2. 머리카락이 빨간색인가.

3. 이미 확보한 DNA 표본과 비교했을 때 같은 사람 또는 가족의 DNA인가.

4. 남자인가, 여자인가.

5. 가족의 DNA를 통해 유전되는 병에 걸릴 가능성이 있지는 않은가.

딸기에서 DNA를 추출해 보자

딸기 세포에는 DNA 분자가 많이 들어 있어요. 사람 세포보다 훨씬 더 많지요. 그래서 딸기를 사용하면 DNA를 쉽게 추출하고 잘 볼 수 있어요. DNA 분자 하나는 너무 얇아서 맨눈으로 볼 수 없지만, 딸기의 DNA 가닥을 서로 뭉치게 하면 맨눈으로도 볼 수 있지요.

준비합시다

 소독용 알코올을 다룰 때는 반드시 어른에게 부탁해야 해요!

- 냉장고에 넣어 둔 소독용 알코올 15㎖(1큰술)
- 물 90㎖(6큰술)
- 주방용 세제 10㎖(2작은술)
- 소금 ¼작은술
- 딸기 1개
- 계량컵
- 계량스푼
- 지퍼백
- 체나 거름망
- 그릇
- 긴 유리컵
- 핀셋이나 집게

1. 지퍼백에 딸기를 넣고, 물과 주방용 세제, 소금도 넣어요. 지퍼백의 공기를 최대한 빼면서 새지 않도록 꼭 닫아요.

2. 손으로 지퍼백을 2분 넘게 눌러서 딸기가 완전히 으깨지도록 해요. 세제와 소금이 딸기 세포를 터트려서 그 안에 있는 DNA를 꺼내 주지요.

3. 으깬 딸기를 체로 걸러 그릇에 담은 다음, 걸러진 딸기 용액을 긴 유리컵에 옮겨 담아요.

4. 어른에게 부탁해서 차가운 소독용 알코올 1큰술을 딸기 용액 위로 살살 떨어트려요.

5. 잠시 기다리면 컵 위에 하얀 실뭉치 같은 게 떠오를 거예요. 바로 딸기 DNA예요! 핀셋으로 DNA를 건져 올린 다음, 더 자세히 관찰해 보세요!

미세 증거물

범인이 범죄 현장에 남기는 흔적은 DNA뿐만이 아니에요. 화장품 가루나 스웨터 보풀, 신발에서 떨어진 흙 같은 여러 가지 '미세 증거물'을 찾을 수 있지요. 또 범인이 차를 몰다 다른 차를 들이받고 부리나케 도망갔다면, 범인의 차에서 묻어 나온 페인트 자국이 어딘가에 남아 있을 거예요.

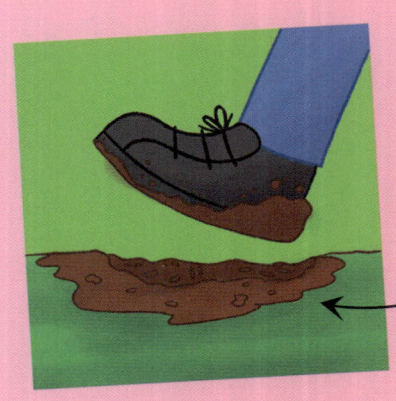

푸슬푸슬한 모래로 되어 있거나, 분필 가루처럼 하얀 흙이거나, 진흙처럼 축축할 수도 있어요.

한 지역에서만 자라는 식물의 씨앗이나 꽃가루가 흙에 섞여 있을 수도 있지요.

흙에 섞여 있는 동물의 똥으로도 어디서 온 흙인지 확인할 수 있어요.

흙에는 돌가루와 죽은 동식물의 찌꺼기, 물, 공기 같은 것들이 섞여 있어. 이런 물질이 섞여 있는 비율은 장소마다 다르지. 누군가의 신발에 묻은 흙을 분석해 보면, 그 사람이 어디 다녀왔는지 알아낼 수도 있단다.

미세 증거물을 조사하자

누군가가 현대 미술관에 침입해서 값을 매기기 어려울 만큼 귀중한 명화를 훔쳐 갔어요. 범죄 현장에서 찾은 미세 증거물을 토대로, 어떤 용의자를 불러 조사할지 결정해 보세요.

미세 증거물
- 진흙과 빨간색 페인트가 묻어 있는 발자국
- 검은색 실오라기
- 긴 금발 머리카락

용의자 명단

1번 용의자
경비원

2번 용의자
간호사

3번 용의자
풍경화가

증거물 훼손

미세 증거물은 아주 조심스럽게 수집하고 보관하고 조사해야 해요. 그러지 않으면 증거물에 다른 물질이 묻어서 훼손될 수도 있거든요. 예를 들어 과학 수사관의 침이 어쩌다 DNA 표본에 섞여 들어가면 그 표본을 훼손할 수 있어요. 그래서 과학 수사대는 항상 마스크를 써야 해요!

과학 수사대가 실수하면, 엉뚱한 사람이 범죄자로 몰려 체포되거나 교도소에 갈 수 있어. 증거물 훼손을 막으려면 다음 네 가지 규칙을 잘 지켜야 해.

1. 증거물 수집이 다 끝나기 전에는 범죄 현장에 들어갈 수 있는 사람 수를 제한해요.

2. 범죄 현장에 들어가는 사람은 모두 새 보호복과 마스크, 장갑을 착용해야 해요.

3. 증거물을 조심스럽게 지퍼백에 담고, 꼼꼼히 기록해요.

4. 실험실은 항상 깨끗하게 관리해요.

훼손된 증거물을 찾아보자

이 범죄 현장은 그만 훼손되고 말았어요. 그래도 다행히 여러분이 현장에 도착하자마자 찍어 둔 사진이 있어요. 훼손된 곳을 다섯 군데 찾아보세요.

오전 10시 사진

오후 4시 사진

치아 기록

사람은 저마다 치아 배열이 독특해요. 이가 생긴 모양이나 크기가 다 다르거든요. 보통 치과에 가면 충치가 있는지 확인하려고 엑스선 사진을 찍어 두므로, 여기서 치아 기록을 찾아볼 수 있어요. 만약 기억을 잃은 채 떠돌아다니는 사람이 있다면, 치아 기록을 확인해서 그 사람이 누구인지 알아낼 수도 있지요.

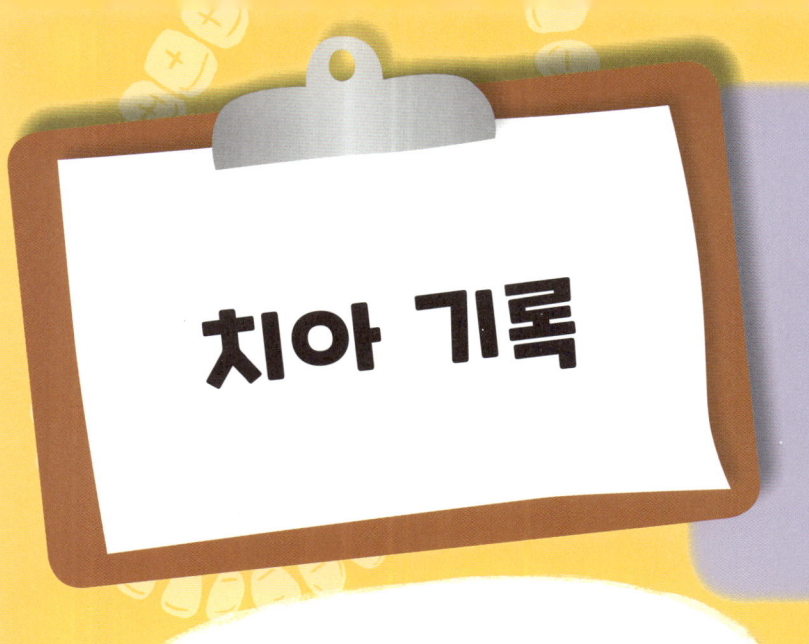

아이는 만 세 살쯤이 되면 이가 20개 생겨. 어른은 최대 32개까지 나는데, 가장 늦은 사랑니는 보통 열일곱 살에서 스물한 살 무렵에 나지. 평생 음식을 씹다 보면, 나이가 들어서는 이가 닳거나 빠지기도 해.

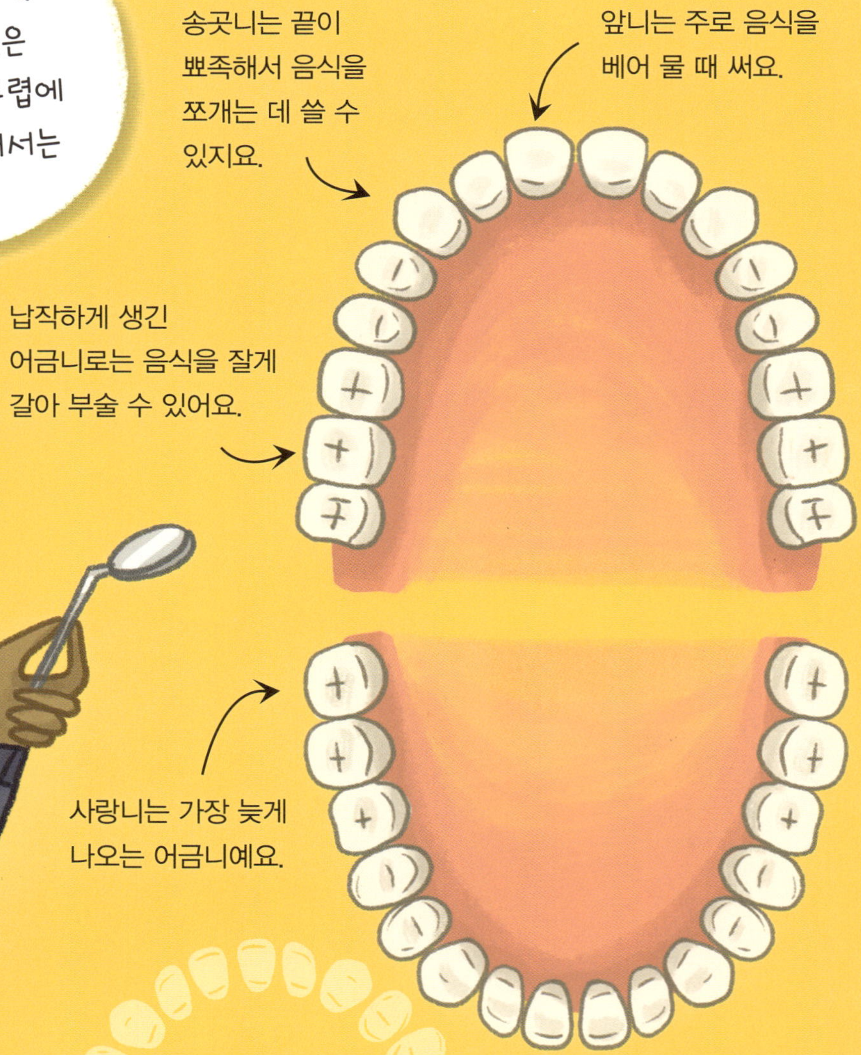

송곳니는 끝이 뾰족해서 음식을 쪼개는 데 쓸 수 있지요.

앞니는 주로 음식을 베어 물 때 써요.

납작하게 생긴 어금니로는 음식을 잘게 갈아 부술 수 있어요.

사랑니는 가장 늦게 나오는 어금니예요.

누가 먹었을까?

사람마다 이가 조금씩 다르게 생겼으므로, 음식을 베어 문 자국도 서로 다르지요. 체리네 초콜릿 가게에 도둑이 들었는데, 도둑이 어처구니없는 실수를 저질렀어요. 초콜릿을 한 입 베어 물고는 그냥 두고 간 거예요. 자, 이제 우리에게는 도둑의 치아 기록이 있어요. 어떤 용의자가 범인일까요?

용의자 명단

1번 용의자　　2번 용의자　　3번 용의자　　4번 용의자

키 예측

손발이 작고 팔다리가 짧은 사람들은 대체로 키도 작아요. 사실 인간의 몸은 보통 몇 가지 규칙대로 생겼어요. 그래서 과학 수사대는 누군가가 남긴 발자국으로 발 크기나 보폭을 재서 키가 얼마나 되는지 짐작할 수 있어요. 만약에 강도가 자동차 창문 밖으로 손을 뻗었다면, 그 길이를 재서 강도의 키를 짐작할 수도 있지요.

어른의 몸은 보통 이 규칙대로 생겼지만, 아이들 몸에는 잘 맞지 않아. 아이들은 성장하다 멈추기를 반복하면서 자라거든. 게다가 이 규칙이 잘 맞지 않는 어른도 있지!

보폭(cm) × 2.5 = 키(cm)

양팔 벌린 길이(cm) = 키(cm)

발 크기(cm) × 6.6 = 키(cm)

양팔 길이와 키를 비교해 보자

양팔을 곧게 벌린 길이가 키와 같다는 규칙이 맞는지 한번 실험해 보세요.

준비합시다

- 줄자
- 연필과 종이
- 함께 측정할 친구

1. 반듯이 서서 양팔을 가로로 쭉 뻗어요.

2. 친구가 여러분의 왼손 가운뎃손가락 끝부터 오른손 가운뎃손가락 끝까지 길이를 재도록 해요.

3. 몇 cm인지 기록해 둬요.

4. 신발을 벗은 다음, 벽에 기댄 채 양발을 모으고 허리를 곧게 펴요.

5. 친구가 줄자를 여러분의 머리끝 높이에 맞춰 들고 있도록 해요. 그러는 동안 여러분은 줄자가 바닥에 닿은 곳의 눈금을 읽어 키를 확인해요.

6. 5단계에서 잰 여러분의 키를 기록한 다음, 이번에는 바꿔서 여러분이 친구의 양팔 길이와 키를 재 보세요.

여러분은 양팔 벌린 길이와 키가 똑같았나요? 아니면 차이가 얼마나 있었나요? 친구의 경우는 어땠나요? 양팔 벌린 길이와 키가 거의 비슷하다는 규칙이 잘 들어맞나요?

그림자 분석

범죄 목격자가 설명하는 내용은 종종 정확하지 않을 때가 있어요. 과학 수사대는 우리가 눈으로 보았다고 믿는 것이 빛과 어둠에 어떤 영향을 받는지 잘 알지요. 예를 들어 가로등 아래서는 하얀 차와 노란 차가 구분이 잘 안 돼요. 희미한 불빛 아래서는 진파랑 코트와 갈색 코트가 모두 검은색으로 보일 수 있고요.

- 불투명한 물체는 짙은 그림자를 드리워요. 빛이 통과하지 못하니까요.
- 깨끗한 유리나 물처럼 투명한 물체는 빛을 통과시키므로 그림자가 생기지 않아요.
- 스테인드글라스처럼 반투명한 물체는 빛을 일부만 통과시켜 희미한 그림자가 생겨요.

빛을 내는 태양이나 등불이 낮은 위치에 있을수록 그림자가 길어져요.

물체가 빛을 내는 곳에서 멀어질수록 그림자는 작아져요.

목격자가 그림자만 힐끗 본 경우도 있으니까, 그림자가 어떻게 생기는지 이해하면 사건 해결에 도움이 될 거야.

초록 옷을 입은 강도는 빨간 옷을 입은 강도보다 정말로 키가 훨씬 더 클까?

누구 그림자일까?

유리 공예 박물관의 경비원이 스케치북에 그림을 그리고 있을 때였어요. 도둑이 살금살금 들어와 값비싼 꽃병을 훔쳐 달아났지요. 경비원은 스케치북 너머로 스쳐 지나간 이상한 그림자 하나만 기억이 나요. 다행히도 그 그림자를 그려 두었지요. 아래 용의자 가운데 누구 그림자일까요?

1번 용의자

2번 용의자

3번 용의자

4번 용의자

소리 분석

범죄 목격자들이 현장에서 들은 소리가 도움이 될 때도 있어요. 자동차가 속도를 올릴 때 나는 부르릉 소리, 쨍그랑 유리 깨지는 소리 같은 것들 말이에요. 소리는 어떤 물체가 부르르 떨릴 때 생겨나요. 이때 물체를 둘러싼 공기도 함께 떨리고, 그 떨림은 '음파'가 되어 멀리 퍼져 나가요. 음파가 귀로 들어와 고막을 떨리게 하고, 우리는 소리를 듣게 되지요.

귓속말처럼 아주 작은 소리는 멀리 퍼지지 않아. 음파가 작을수록 금방 사라지거든. 반대로 폭발음처럼 아주 큰 소리는 300km 떨어진 곳에서도 들을 수 있어.

음파는 공기 중에서 1초에 343m, 1분에 약 20km만큼이나 퍼져 나가지요.

성대

고막

과학 수사대는 소리에 관한 과학 지식과 목격자 진술을 토대로, 소리가 정확히 어디서 났는지 알아낼 수 있어요.

불꽃놀이가 벌어진 장소는?

어젯밤 자정 무렵, 누군가가 아주 시끄럽게 불꽃놀이를 벌여서 이 주변과 꽤 멀리 사는 사람들까지 모조리 깨웠어요. 사람들은 첫 번째 폭죽 소리를 듣자마자 경찰서에 민원 전화를 넣었지요. 가 지점에서는 12시 1분에, 나 지점에서는 12시 정각에, 다 지점에서는 12시 2분에 첫 전화가 걸려 왔어요. 소리는 1분에 약 20km 퍼져 나간다는 걸 참고해서, 아래 지도에서 불꽃놀이 장소라고 짐작되는 곳에 표시해 보세요.

조각이나 액체가 튄 흔적

유리창이 와장창 깨졌어요. 유리가 깨진 모양과 조각이 튄 모양을 보면, 안에서 깨뜨렸는지 밖에서 깨뜨렸는지 알 수 있어요. 어떤 도구를 썼는지도 알 수 있고요. 또 과학 수사대는 페인트나 피 같은 액체가 어떻게 튀었는지 조사해서 범죄 실마리를 찾아내기도 해요.

강도가 창문을 깨뜨리면, 지름이 1mm도 안 되는 아주 작은 유리 조각이 강도의 머리카락이나 옷에 튀어 달라붙을 수 있어. 이 강도가 창문을 박살 냈다는 증거가 되지!

유리창이 깨졌을 때 조각이 클수록 창문 가까이 떨어져요. 그리고 대부분 유리창을 때린 방향으로 떨어지지요.

작은 유리 조각은 사방으로 4m까지 날아갈 수 있어요.

액체가 튀는 모양을 관찰해 보자

여러 가지 색 물감을 채워 넣은 달걀 여러 개를 서로 다른 높이에서 떨어뜨려 보면서, 떨어뜨리는 높이에 따라 물감이 튀는 모양이 어떻게 달라지는지 실험해 봅시다.

준비합시다

- 헌 옷과 보호 안경
- 달걀 6개 이상
- 수성 물감
- 전지나 신문지 여러 장
- 줄자
- 연필과 공책

 이 실험은 물감 얼룩이 튀어 물건을 못 쓰게 되는 일이 없도록 바깥에서 하면 좋아요.

1. 어른에게 부탁해서 날달걀 6개를 윗부분만 도려내고 껍데기만 달라고 해요. 속이 빈 달걀 껍데기를 깨끗이 씻어서, 여러 가지 색 물감을 각각 채워 넣어요.

2. 공책에 표를 그리고 물감 색깔, 떨어뜨린 높이, 물감이 튄 거리, 물감이 튄 모양을 적어 넣을 칸을 각각 만들어요. 첫 번째로 떨어뜨릴 높이를 정하고 표에 적어요.

3. 첫 번째 달걀을 떨어뜨려요! 물감이 튄 거리와 모양을 기록해요. 다른 달걀 5개도 각각 다른 높이에서 떨어뜨려요.

4. 떨어뜨리는 높이는 35cm씩 올리는 게 좋아요. 키가 닿지 않는 높이에서는 어른에게 부탁해서 의자나 사다리에 올라가서 떨어뜨려 달라고 해요.

달걀을 공중에서 놓으면 중력에 이끌려 땅에 떨어져요. 중력 때문에 물체는 점점 더 빠른 속도로 떨어지지요.

달걀을 높은 곳에서 떨어뜨릴수록 물감이 더 멀리 튄다는 걸 확인했나요? 떨어지는 위치가 높을수록 더 큰 힘으로 땅에 부딪히기 때문이에요.

녹아내린 증거

열을 받으면 고체에서 액체 상태로 바뀌는 물질이 많아요. 얼음은 0℃에서 녹아 물이 되고, 스티로폼은 240℃에서, 금은 1064℃에서 녹아요. 이 지식으로도 사건을 해결할 수 있을까요? 창고에서 불이 났는데, 스티로폼 컵은 녹고 금 접시는 녹지 않았다고 해 봅시다. 그렇다면 불이 타오를 때 온도는 240℃에서 1064℃ 사이였을 테고, 무엇 때문에 불이 났는지 알려 주는 실마리가 될 수 있지요.

믿기 어렵겠지만, 단단한 금속도 엄청나게 뜨거워지면 기체로 바뀐대. 액체 상태로 녹은 금은 약 2800℃가 넘으면 증발해서 기체가 되지.

우리는 평소에 고체, 액체, 기체 상태의 물을 볼 수 있어요.

얼음은 0℃보다 높아지면 녹아서 액체 상태인 물이 돼요.

물은 100℃부터 끓기 시작해서 기체 상태인 수증기가 돼요.

아이스바 도둑을 찾아보자

햇볕이 쨍쨍 내리쬐는 어느 날, 누군가가 돈도 내지 않고 아이스바를 그냥 가져갔어요. 그런데 아이스바가 녹아서 뚝뚝 떨어진 흔적이 가게부터 쭉 이어져 있네요. 과연 누가 가져갔을까요?

화학 반응

두 가지 물질이 만났을 때 양쪽 모두 변화가 일어나 다른 물질이 되는 과정을 화학 반응이라고 해요. 케이크를 구울 때도 화학 반응이 일어나지요. 달걀과 밀가루 같은 여러 물질을 섞은 다음 오븐에서 가열하면 케이크로 변하니까요.

과학 수사관은 눈에 보이지 않는 지문을 찾기 위해 아이오딘 스프레이를 뿌려요. 아이오딘이 지문에 있던 땀과 기름과 반응해서 주황색으로 변하거든요.

화학 물질인 루미놀은 핏속에 있는 철분과 반응해서 푸른 형광빛을 내요. 누군가가 핏자국을 닦아 내더라도 루미놀로 찾아낼 수 있지요.

과학 수사대는 화학 반응을 이용해서 맨눈으로는 보이지 않는 물질도 잘 찾아내지.

비밀 잉크를 만들어 보자

눈에 보이지 않는 비밀 잉크로 편지를 쓰면 무척 재미있을 거예요. 비밀 요원처럼 친구에게 둘만 아는 암호나 메시지를 보내는 거지요. 거창한 준비물은 필요 없어요. 집에서 흔히 쓰는 물건에다 레몬즙의 숨겨진 힘만 더하면 된답니다.

준비합시다

- 레몬 반 조각
- 물
- 그릇
- 면봉
- 흰 종이
- 연필이나 크레용, 사인펜 등 그림 도구
- 헤어드라이어

1. 연필이나 크레용, 사인펜으로 간단하게 여러분의 방 지도를 그려 봐요.

어떤 일이 일어날까요?
레몬즙은 열을 받으면 갈색으로 변해요. 물에 탄 레몬즙을 종이에 바르면 눈에 잘 보이지 않아서, 아무도 거기에 무슨 메시지가 있는지 알아차리지 못해요. 레몬즙이 열을 받아 비밀 메시지가 드러날 때까지 말이죠.

2. 물을 살짝 섞은 레몬즙에 면봉을 담갔다 빼서, 보물이 숨겨진 곳에 큼직하게 X 표시를 해요. 친구에게 줄 쪽지나 작은 장난감을 숨겨 둔 곳을 표시하는 거죠. 레몬즙이 마를 때까지 기다려요.

3. 이제 친구에게 지도를 주세요. 처음에는 레몬즙 표시를 볼 수 없을 거예요. 하지만 헤어드라이어로 지도를 살짝 데우면 갈색 X 표시가 나타나지요!

가루 물질

과학 수사대는 종종 알 수 없는 물질의 정체를 확인해야 해요. 하얀색 가루는 폭발물이거나 독약, 마약일 수도 있어요. 아니면 그냥 밀가루일 수도 있지요. 무엇인지 알아내려면 실험실로 가져가 실험해 봐야 해요. 알 수 없는 물질을 맨손으로 함부로 만져서는 안 돼요. 맛보거나 냄새 맡아도 안 되지요. 실험할 때는 보호복을 입어야 하고요.

과학 수사대는 이런 방법으로 어떤 물질의 정체를 알아내곤 하지.

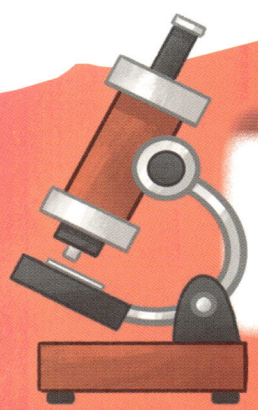

1. 물질을 자세히 관찰하고, 필요하다면 현미경을 써서 어떤 물질인지 짐작해 보아요.

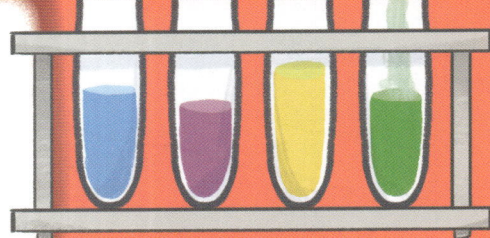

2. 그 물질이 다른 물질과 화학 반응을 일으키는지 알아보아요. 30쪽을 참고하세요.

3. 그 물질을 물에 넣으면 어떻게 되는지 관찰해요. 물에 가라앉거나 떠 있나요? 아니면 용해되었나요? 어떤 가루 물질은 물에 넣으면 고르게 퍼진 다음 완전히 녹아서 사라지는 것처럼 보이는데, 이것을 용해라고 해요.

나만의 실험을 계획해 보자

과학 실력을 끌어올리는 훈련 삼아서, 여러분 스스로 실험을 계획해 보아요. 밀가루와 소금, 설탕을 구별해 보는 실험이에요. 물론 무엇이 설탕이고 소금이고 밀가루인지 이미 알고 있겠지만, 어떻게 하면 목록에 있는 실험 도구를 이용해서 과학적으로 증명할 수 있을까요?

정체를 알 수 없는 흰 가루

- 밀가루
- 소금
- 설탕

사용할 수 있는 실험 도구

- 유리컵
- 숟가락
- 수돗물
- 초를 잴 수 있는 시계나 타이머
- 연필과 종이

어떤 단계로 실험을 해서 세 가지 가루를 구별할 수 있을지 계획해 보아요. 가루의 양과 시간은 어떻게 잴 것인지, 관찰 결과는 어떻게 기록할지 생각해야 해요.

힌트 : 세 가지 물질을 물에 넣으면 각각 반응이 달라요. 한 가지 물질은 물에 녹지 않아요. 물이 뿌옇게 된 다음 유리컵 바닥에 가라앉지요. 다른 두 가지 물질은 물에 녹는데, 한 가지가 더 빨리 녹아요.

천 조각

강도가 입었던 스웨터 보풀이 운 좋게도 현장에 남아 있을 때도 있어요. 깨진 창문에 재킷이 찢겨 걸리거나, 울타리에 양말 실오라기가 남아 있을 수도 있고요. 과학 수사대는 이런 옷감 조각을 찾아서 용의자의 스웨터나 재킷, 양말과 비교해요. 옷감 색깔이나 짜임새, 그 밖의 여러 재질을 확인해서 어떤 옷에서 나왔는지 결론 내리지요.

옷감에는 여러 가지 성질이 있어. 눈으로 보이는 차이, 만졌을 때 느낌 등 몇 가지 재질을 검사해서 어떤 옷감인지 알아낼 수 있지.

물이 스며들지 않는 방수 옷감도 있고, 물을 쉽게 빨아들이는 흡수력 좋은 옷감도 있어요.

속이 비치는 투명한 옷감도 있고, 비치지 않는 불투명한 옷감도 있어요.

잘 찢어지지 않는 질긴 옷감도 있고, 쉽게 찢어지는 약한 옷감도 있어요.

잘 늘어나는 신축성 좋은 옷감도 있고, 잘 접히지 않는 뻣뻣한 옷감도 있어요.

어떤 천 조각일까?

누군가 수영장에 몰래 침입한 사건을 조사하는데, 나무 둔짝 부서진 곳에 걸려 있던 노란색 천 조각을 찾아냈어요. 이 천 조각을 실험실로 가져가서 분석해 볼 거예요. 오른쪽에 설명한 재질을 참고해서, 어디서 떨어져 나온 것인지 알아맞혀 보세요.

재질

- 불투명
- 방수
- 질기다
- 신축성이 없다
- 뻣뻣하지 않다

나일론 양말

비옷

목욕 가운

수영복

우산

자석 이용

지구에 있는 모든 것은 '원자'라는 기본 단위로 이루어져 있어요. 원자 안에는 빙글빙글 도는 전자가 있지요. 전자들이 한 방향으로 회전할 때 '자성'이라는 보이지 않는 힘이 생겨나요. 철, 니켈, 코발트 같은 몇 가지 금속에서만 일어나는 일이지요. 이런 금속들은 자석에 이끌려 달라붙기도 하고, 그 자체가 자석이 되기도 해요.

자석의 양쪽 극을 둘러싼, 자성이 영향을 미치는 공간을 '자기장'이라고 해요. 두 자석이 자기장 안에서 만나면 서로 끌어당기거나 밀어내요.

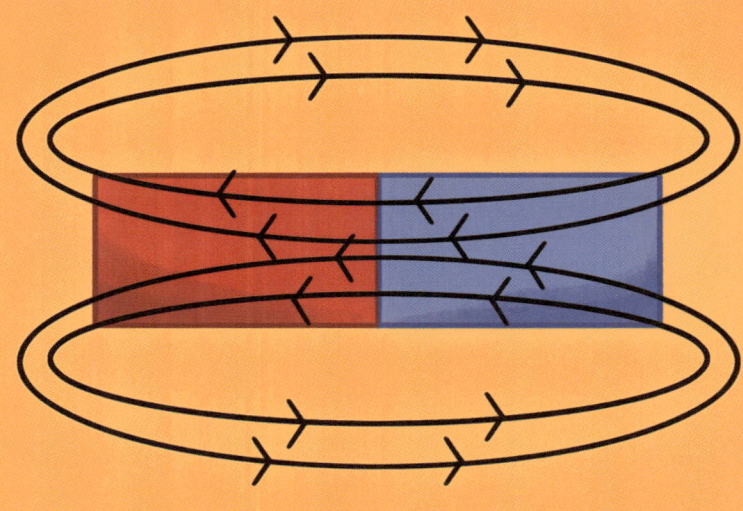

과학 수사대는 자석을 이용해서 쇠구슬부터 무기까지 여러 가지 금속 물체를 찾아내지.

자석에는 N극과 S극이 있어요. 두 자석의 N극과 S극이 만나면 서로 끌어당겨요. 하지만 N극끼리, S극끼리 만나면 서로 밀어내지요.

자석 도둑에 대비하자

전 세계 골동품 가게를 공포에 떨게 만든 엄청난 도둑이 나타났어요. 몰래 자석을 들고 가서 값비싼 보물을 훔쳐 간다고 해요. 골동품 가게에 있는 아래 보물 중에서, 이 도둑에게 빼앗기기 쉬운 것은 무엇일까요?

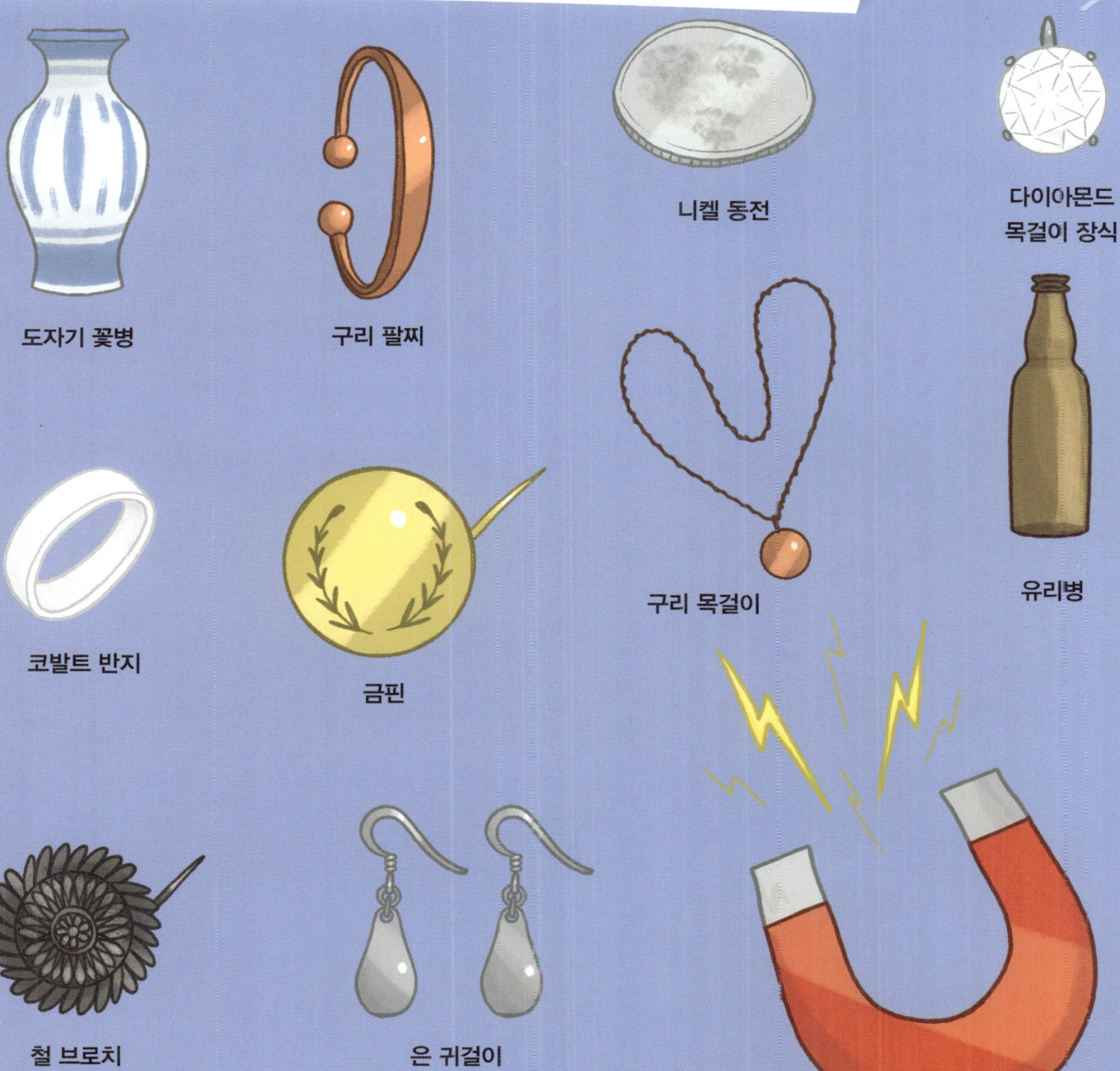

도자기 꽃병 · 구리 팔찌 · 니켈 동전 · 다이아몬드 목걸이 장식 · 코발트 반지 · 금핀 · 구리 목걸이 · 유리병 · 철 브로치 · 은 귀걸이

미생물 분석

세균이나 곰팡이 같은 아주 작은 생물을 미생물이라고 해요. 미생물은 동식물이 죽으면 그 몸을 먹으며 점점 수가 늘어나지요. 따라서 과학 수사대는 미생물이 얼마나 늘어났는지 확인해서 죽은 동식물이 언제부터 이곳에 놓여 있었는지 알아낼 수 있어요.

미생물은 아주 중요한 역할을 해. 미생물이 죽은 동식물이나 쓰레기를 먹으며 수가 불어나는 게 바로 썩는 과정이거든. 아무것도 썩지 않는다면, 우리 지구는 쓰레기로 가득 찰 거야!

세균(박테리아)은 크게 세 가지 모양으로 나뉘어요. 나선 모양, 막대 모양, 공 모양이 있지요. 크기는 이 문장 끝의 마침표에 들어갈 수 있는 세균만 해도 수천 개는 될 만큼 아주 작아요.

미생물 가운데 곰팡이는 낱낱의 가닥이 잘 보이지 않지만, 확대하면 실처럼 길고 가느다란 모양이에요. 그런데 우리가 즐겨 먹는, 눈에 잘 보이는 버섯도 곰팡이와 같은 '균류'랍니다.

곰팡이를 키워 보자

식빵에 곰팡이를 키우는 실험으로 미생물이 어떻게 자라는지 관찰해 봐요. 식물이 씨앗으로 번식하듯이, 곰팡이는 홀씨(포자)로 번식해요. 곰팡이 홀씨는 우리 주변 어디에나 떠다니므로, 가만둬도 알아서 빵에 내려앉을 거예요.

준비합시다

- 빵 3조각
- 물 한 그릇
- 지퍼백 3장
- 연필과 종이

1. 빵 3조각을 물에 적셔요. 각각 하나씩 지퍼백에 넣고 입구를 꽉 막아요.

2. 하나는 냉동실에 넣고, 또 하나는 라디에이터나 온돌 바닥처럼 따뜻한 곳에 둬요. 마지막 하나는 그냥 실온에 둬요.

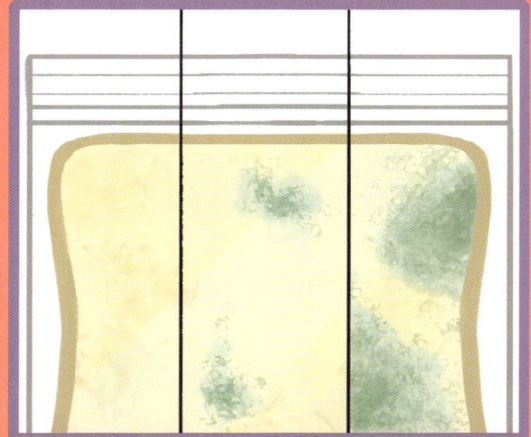

3. 지퍼백이 닫힌 채로 그대로 두고, 5일, 7일, 10일이 지난 뒤에 빵에 곰팡이가 얼마나 생겼는지 확인해 보세요. 관찰한 결과를 기록하고, 며칠 뒤에는 얼마나 늘어날지도 예상해서 적어 보세요.

4. 실험이 끝나면 지퍼백을 열지 말고 그대로 버려요!

곰팡이가 핀 다음에는 지퍼백을 절대로 열지 마세요. 곰팡이 홀씨가 공기 중에 나와서 숨 쉴 때 들이마실 수 있거든요. 곰팡이는 우리 몸에 좋지 않아요. 알레르기가 있다면 더욱 그렇지요.

전염병과 바이러스

사람 몸에 들어와 병을 일으키는 미생물도 있어요. 바이러스는 사람 사이를 옮겨 다니며 코로나19 같은 전염병을 일으켜요. 상한 음식을 먹으면 배탈이 나게 하는 세균도 있지요. 과학 수사대에서 병을 일으키는 미생물에 관해 잘 아는 전문가들은 병이 어디에서 시작되었는지 알아내기도 하지요.

감기를 일으키는 바이러스는 200가지가 넘어요.

감기 바이러스는 감기에 걸린 사람의 기침과 재채기, 또는 어딘가에 묻힌 콧물 등을 통해 다른 사람에게 옮겨 가지요.

감기 바이러스에 감염된 사람은 1~3일 사이의 '잠복기' 동안 아무런 증상이 없어요. 하지만 이미 바이러스가 코와 입, 목의 세포에 들어와 있지요.

감염된 사람의 몸이 바이러스에 맞서 싸우기 시작해요. 그러면 목이 아프거나, 콧물이 흐르거나, 열이 나거나, 기침, 두통 같은 증상이 나타나지요. 이런 증상은 7~10일쯤 계속되기도 해요.

누가 전염병을 퍼뜨렸을까?

전염병 연구소에 도둑이 침입했어요. 도둑은 실수로 '초록 반점 바이러스'가 담긴 유리병을 깨뜨려 곧바로 감염되고 말았지요. 사건이 벌어진 지 7일이 지나, 용의자 세 명이 경찰서에 와서 조사받고 있어요. 이중 누가 도둑일 가능성이 클까요?

초록 반점 바이러스의 특징

- 잠복기는 3일이다.
- 유일한 증상으로 커다란 초록 반점이 생긴다.
- 반점은 5일이 지나 사라진다.
- 감염된 사람은 반점이 나타나자마자 다른 사람에게 병을 옮길 수 있다.

1번 용의자
사건 이후 7일째, 1번 용의자에게도, 가족과 친구에게도 초록 반점이 없어요.

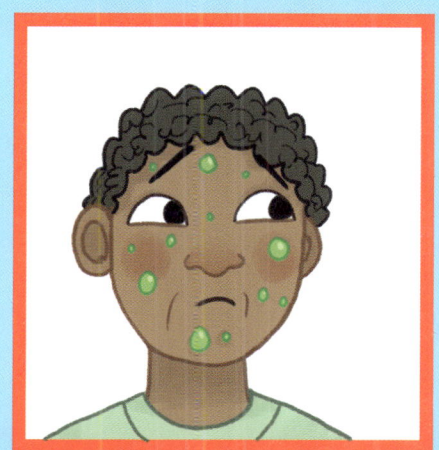

2번 용의자
사건 이후 7일째, 2번 용의자는 초록 반점이 있지만 가족과 친구에게는 없어요.

3번 용의자
사건 이후 7일째, 3번 용의자에게도, 가족과 친구에게도 초록 반점이 있어요.

필적 감정

좀 이상한 일이기는 하지만, 가끔 어떤 범죄자는 신문사나 경찰서에 편지를 써 보내기도 해요. 이때 '필적 감정 전문가'가 편지의 글씨체와 용의자들의 글씨체를 비교해 같은 사람이 썼는지 알아내지요. 또 필적 감정 전문가는 누군가가 중요한 문서에 다른 사람의 서명을 위조했는지도 가려낼 수 있어요.

글자를 또박또박 썼나요, 아니면 함부로 갈겨썼나요?

다람쥐 헌 쳇바퀴에 타고파.
다람쥐 헌 쳇바퀴에 타고파.
다람쥐 헌 쳇바퀴에 타고파.
다람쥐 헌 쳇바퀴에 타고파.
다람쥐 헌 쳇바퀴에 타고파.

자음 ㄱ, ㄹ, ㅈ, ㅎ 등을 쓸 때 구부러진 각도를 살펴봐요.

글자 크기가 작고 다닥다닥 붙여 썼나요, 아니면 크고 시원시원한가요?

필적 감정 전문가가 눈여겨 살피는 부분

1. 낱자를 모아쓰는 방식. 사람마다 글자를 만들어 쓰는 방식이 조금씩 달라요.
2. 글씨체의 분위기나 양식. 글씨체는 세월의 흐름에 따라 달라지고 지역마다 차이도 있어요.
3. 글자 획의 연하고 진한 차이. 글자를 쓴 사람이 꾹꾹 눌러 쓰거나 빨리 휘갈겨 썼는지 나타내요.
4. 자기 글씨체를 숨기고 꾸며 낸 증거. 글자의 시작 부분이 흔들렸거나 펜을 종이에서 뗀 흔적이 많은 글자는 남의 글자를 천천히 베껴 썼다는 증거예요.

위 문구는 한글 자음 14개를 모두 한 번씩 사용해서 만든 '팬그램' 문장이야. 여러 글씨체의 특징을 비교해서 보기 좋지.

글씨체로 범인을 찾아보자

도둑이 자전거를 훔쳐 가면서 주인에게 약 올리듯 쪽지를 남겼어요.
마침 용의자 세 명을 찾아내어 같은 문장을 써 보도록 했어요. 범인은 누구일까요?

범죄 현장에 남겨진 쪽지

> 내가 자전거를 훔쳤다.
> 하하하!

용의자들의 글씨체

1번 용의자 — 내가 자전거를 훔쳤다.

2번 용의자 — 내가 자전거를 훔쳤다.

3번 용의자 — 내가 자전거를 훔쳤다.

한 사람이 썼더라도 글씨체가 완전히 똑같지는 않을 거예요! 범인과 용의자들의 글씨체에서 같은 점을 찾아보되, 진짜 범인을 놓치지 않도록 다른 점도 자세히 살펴야 해요.

크로마토 그래피

누가 쪽지를 썼는지 알아내는 방법이 또 하나 있어요. 크로마토그래피 실험으로 쪽지의 잉크와 용의자의 펜에 있는 잉크를 비교해 보는 거예요. 잉크는 보통 여러 가지 색소를 섞어 만들지요. 크로마토그래피로 잉크 안의 여러 색소를 분리해서 볼 수 있어요. 범죄 현장에서 찾은 천 조각과 용의자 옷에 쓰인 염료를 비교해 볼 수도 있고요.

은행에서는 도난을 막으려고 물감 통을 쓰기도 한대. 누군가 돈을 훔쳐 가면 원격 조종으로 돈 꾸러미에 있던 물감 통이 폭발하게 해. 그런 다음 용의자를 잡으면 손이나 얼굴, 돈에 묻은 물감과 은행에 보관해 둔 물감을 크로마토그래피로 비교해 보는 거지.

검정 잉크 속에도 이렇게 여러 가지 색소가 들어 있어요.

잉크를 분리해 보자

직접 크로마토그래피 실험을 해 봅시다. 종이 타월이 물을 빨아들이면서 잉크 속에 있던 여러 색소가 물에 녹아 번져요. 이때 색소마다 성질이 달라서, 좀 더 작고 가벼운 색소 분자는 더 멀리 번지지요. 이렇게 해서 색소가 서로 분리되는 거예요. 여러 색깔 잉크 속에 각각 어떤 색소가 들어 있을지 예상하고 비교해 보세요.

준비합시다

- 종이 타월
- 물
- 유리컵 4개
- 검정, 빨강, 파랑, 초록색 수성 사인펜

1. 종이 타월 한 장을 네 조각으로 길게 잘라요. 유리컵 네 개에 각각 0.5cm 높이만큼 물을 부어요.

2. 종이 타월 조각에 각각 다른 색 사인펜으로 커다란 점을 그려요. 끝에서 2.5cm쯤 되는 부분에 그리면 돼요.

3. 종이 타월의 점이 그려진 쪽 끝부분을 유리컵에 넣어요. 점이 물에 잠기지 않도록 살짝만 담그고, 종이 타월 윗부분을 접어서 컵에 고정해요.

4. 물이 종이 타월에 흡수되는 모습을 관찰해요. 타월을 따라 물이 위로 올라가면서 잉크가 분리될 거예요. 종이 타월을 말린 다음, 색소를 더 자세히 관찰해 보세요.

컴퓨터 파일

과학 수사대는 컴퓨터와 스마트폰에 담긴 정보를 이용해 범죄를 해결하기도 해요. 이메일이나 문자 메시지, 문서 파일, 심지어 삭제된 파일까지 찾아내어 분석하지요. 문자 메시지나 이메일을 쓴 시간을 알면 용의자가 그 시간에 어디 있었는지 밝힐 수 있어요. 메시지에 담긴 내용을 살펴보면 누가 지시를 내려서 여러 범인이 함께 은행을 털었는지도 확인할 수 있지요.

이름이 '.mp3'로 끝나는 파일에는 보통 노래나 음성이 담겨 있어요.

이름이 '.jpg'로 끝나는 것은 보통 사진 파일이지요.

컴퓨터 파일 이름 끝에 마침표와 함께 붙는 서너 개의 알파벳 글자를 확장자라고 해요. 그 파일이 어떤 종류인지 알려 주지요.

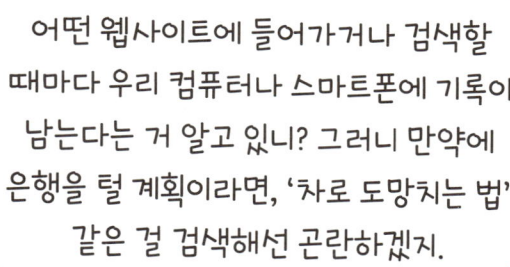

어떤 웹사이트에 들어가거나 검색할 때마다 우리 컴퓨터나 스마트폰에 기록이 남는다는 거 알고 있니? 그러니 만약에 은행을 털 계획이라면, '차로 도망치는 법' 같은 걸 검색해선 곤란하겠지.

이름이 '.doc'나 '.hwp'로 끝나는 파일에는 대부분 글이 적혀 있어요.

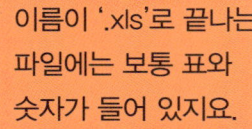

이름이 '.xls'로 끝나는 파일에는 보통 표와 숫자가 들어 있지요.

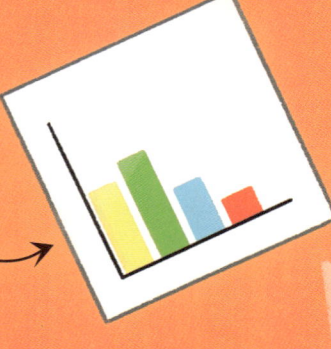

파일을 확인해 보자

은행 강도 사건의 용의자 한 명이 체포되었어요. 아래는 용의자의 컴퓨터에서 찾은 파일 목록이에요. 증거가 될 만한 파일을 3개 찾아보세요.

파일 목록

- 생일파티.jpg
- 귀여운개.jpg
- 내생일.mp3
- 솜털고양이.jpg
- 웃긴고양이.jpg
- 복슬강아지.jpg
- 금고여는법.doc
- 징글벨.mp3
- 혼자만의블루스.mp3
- 친구들이랑.jpg
- 장난꾸러기고양이.jpg
- 뉴욕은행지도.jpg
- 예쁜꽃.jpg
- 침입일정.xls
- 크리스마스준비물.doc
- 해변에서.jpg
- 라스트크리스마스.mp3

전파 추적

스마트폰은 우리가 전화를 할 때 말을 전파로 바꾸어 공기 중으로 내보내요. 그러면 가까이 있는 기지국에서 이 전파를 받아 멀리 보내지요. 멀리서 온 전파를 받아 우리 전화기로 보내기도 하고요. 이렇게 기지국들의 연결망으로 전파가 오가면서, 우리는 멀리 있는 사람과 이야기를 나눌 수 있어요.

기지국에서 얻은 정보로 어떤 사람이 어디서 통화를 했는지 알 수 있어요. 또 그 사람이 통화하는 동안 이동했는지 가만히 있었는지도 알 수 있지요.

전화를 걸지 않을 때도 전화기는 계속 전파를 내보내. 전파에는 우리 전화번호 정보도 들어 있어서, 전화기가 켜진 상태라면 어디에 있는지 50m 범위 안에서 찾아낼 수 있어.

통화 내내 한자리에 있었어요.

통화하는 동안 기지국 여러 개를 빠른 속도로 지나쳤어요.

다친 등산객을 찾아보자

산악 구조대에 전화가 걸려 왔어요. 어느 등산객이 외딴 산길을 걷다 발목을 삐었다고 해요. 그 지역의 기지국 정보를 확인해 보니, 등산객은 가 기지국에서 약 6km, 나 기지국에서 약 12km 떨어진 곳에서 전화를 걸었어요. 아래 등산길 지도와 자를 이용하여 다친 등산객이 어디쯤 있을지 표시해 보세요.

목격자 진술

어떤 범죄의 목격자가 기억해서 말한 내용은 아주 주의 깊게 기록해야 해요. 무엇이 진실이고 거짓인지, 무엇이 중요하거나 아닌지 잘 판단해야 하지요. 목격자는 세세한 정보를 잊거나, 헷갈리거나, 다른 사람의 말에 영향받을 수도 있어요.

방금 지나친 집에 창문이 몇 개 있었는가 하는 것처럼, 전혀 중요하지 않아 보이는 정보가 있어요. 이런 정보는 아예 기억으로 남기지 않아요.

한번 겪은 일을 전부 다 기억한다면, 우리 뇌는 지나치게 많은 정보 때문에 힘겨워할 거예요! 뇌는 우리가 무엇을 얼마 동안이나 기억할지 선택해요.

가방에 간식을 넣어 둔 기억처럼, 오랫동안 가지고 있을 필요가 없는 정보가 있어요. 뇌는 이런 기억을 머리 앞부분에 잠시 저장했다가 지워 버려요.

범죄를 목격했을 때 제대로 진술하기란 생각보다 꽤 어려워. 왜 그런지 궁금하다면 기억에 대해 좀 더 알아보자.

어떤 기억들은 뇌 곳곳에 영원히 저장돼요. 글을 읽는 방법처럼 꼭 필요한 기억, 그리고 아주 행복했거나 슬펐던 사건처럼 우리에게 중요한 기억은 뇌에 오랫동안 남아 있어요.

목격자처럼 진술해 보자

여러분이 범죄를 목격한다면 얼마나 제대로 진술할 수 있을까요?
장기 기억력과 단기 기억력은 얼마나 탄탄할까요? 이 훈련으로 한번 확인해 보세요.

어제 온종일 했던 일을
한 시간 단위로 적어 보세요.

4주 전 토요일에 무엇을
했는지도 적어 보세요.

어때요, 기억이 생생한가요? 우달리 더 잘 떠오르는 기억이 있나요?
기억이 잘 안 나서 대충 짐작해서 쓰지는 않았나요?

알리바이

알리바이란 용의자가 범죄가 일어난 시각에 자신은 다른 곳에 있었다고 주장해서, 그 범죄를 저지를 수 없었음을 증명하는 거예요. 용의자가 그 시각에 여러 사람 앞에서 연설했다면 가장 완벽한 알리바이가 이뤄지겠죠! 알리바이는 대부분 거짓이 없는지 조사해 봐야 해요.

용의자의 알리바이를 증명하거나 뒷받침해 줄 수 있는 사람들을 찾아봐야 해. 영화표나 보안 카메라 영상 같은 증거물을 찾아서, 용의자가 주장한 대로 진짜 그 장소에 있었는지 확인할 수도 있어.

알리바이가 맞는지 확인하기 위해서 계산을 해야 할 때도 있어요. 예를 들어 어떤 용의자의 자동차는 최대 속도가 시속 80km예요. 그 사람은 분명 오전 9시에 작은마을에 있었어요. 범죄는 작은마을에서 160km 떨어진 큰마을에서 오전 10시에 일어났지요. 용의자는 범행이 일어난 시각에 큰마을에 갈 수 있었을까요? 그럴 수는 없지요! 시속 80km로 달리면 160km를 가는 데 2시간이 걸리니까요. 오전 11시 이전에는 절대로 큰마을에 도착할 수 없어요.

알리바이가 없는 사람은?

어제 오후 4시, 누군가가 푸른마을의 슈퍼마켓에서 바나나를 몽땅 훔쳐 갔어요. 아래 용의자 3명이 각자 진술한 내용을 읽고, 알리바이가 증명되지 않는 사람은 누구인지 알아내 보아요.

1번 용의자

어제 오후, 저는 강아지 찰리와 푸른마을 공원을 산책했어요. 거기서 우연히 친구 베스를 만났지요. 베스도 강아지 페퍼를 데리고 나왔는데, 그때가 오후 3시쯤이었어요. 그런 다음 차를 몰고 붉은마을 시내에 가서 영화를 봤어요. 영화는 5시 30분에 끝났지요. 찰리는 영화 보러 가기 직전에 친구 칼라네 집에 맡겼고요. 칼라는 시내 중심가에 살거든요.

2번 용의자

어제저녁에 저는 푸른마을에서 '오즈의 마법사' 공연을 했어요. 도로시 역을 맡았거든요. 공연은 저녁 7시에 시작했어요. 오후 3시 45분에는 그 슈퍼마켓에 갔어요. 4시 15분에 공연 총연습이 시작되는데, 그 전에 출연진들에게 줄 간식을 사려고요. 간식을 산 다음에는 차를 몰고 20km 떨어진 노란마을의 피오나 꽃가게로 가서, 우리 연출가 비브에게 줄 꽃을 샀지요.

3번 용의자

어제 오후, 저는 강아지 페퍼와 푸른마을 공원을 산책했어요. 거기서 친구 엠마를 우연히 만났지요. 엠마도 강아지 찰리와 산책을 하고 있었어요. 엠마와 헤어지고 난 뒤, 공원 카페에서 레모네이드를 마셨어요. 카페 주인과 잡담을 나누며 30분 정도 있었던 것 같아요. 그리고 조금 있다가 '오즈의 마법사' 공연을 보러 갔어요. 친구 비브가 연출을 맡았거든요.

거짓말 탐지기

한국이나 미국 같은 몇몇 나라에서는 용의자가 거짓말을 하는지 가려내기 위해서 거짓말 탐지기를 이용해요. 거짓말 탐지기는 심장이 빨리 뛰는 것처럼 신경과민으로 나타나는 증상이 있는지 검사하지요. 하지만 죄가 없는 사람도 긴장할 수 있고, 죄가 있어도 거짓말에 익숙한 사람은 거짓말 탐지기를 통과할 수 있어요!

마음이 불안하거나 두려움을 느낄 때, 뇌는 호르몬을 분비해서 엄청난 힘이 솟아오르도록 해요. 그래서 우리는 위험을 피하거나 맞서 싸울 수 있는 거예요. 이처럼 호르몬이 분비될 때 나타나는 증상은 다음과 같아요.

용의자에게 죄가 있다고 함부로 단정해선 안 돼. 제대로 된 조사를 거쳐서 재판에서 유죄 판결을 받기 전까지는 말이지.

1. 심장 박동이 빨라져요.
2. 호흡이 거칠어져요.
3. 눈을 자주 깜빡여요.
4. 얼굴이 붉어지고 땀이 나요.
5. 입이 말라서 입술을 자꾸 오므려요.

54

맥박을 재 보자

심장은 스스로 오그라들었다 풀어졌다 하면서 온몸의 혈관으로 피를 퍼뜨리는 근육이에요. 심장에서 나온 피는 동맥을 따라 온몸으로 퍼지는데, 이때 심장이 뛰는 속도에 닿춰 동맥에서 일어나는 피의 파동을 맥박이라고 해요. 손목처럼 뼈 위로 지나가는 혈관에서 맥박이 잘 느껴지지요. 실험을 통해 운동을 하면 맥박이 어떻게 달라지는지 알아보세요.

준비합시다

- 스톱워치
- 연필과 종이
- 함께할 친구

1. 손목의 맥박을 찾아보아요. 왼손 엄지손가락 아랫부분에 오른손 검지와 중지를 나란히 올린 다음, 그대로 손목 부분까지 내려요. 손목을 살짝 누르면서 희미하게 꿈틀거리는 맥박을 느껴 보아요.

2. 친구에게 스톱워치를 눌러 달라고 부탁하고, 여러분의 맥박이 1분 동안 몇 번이나 뛰는지 세어 보세요. 1분이 다 되면 친구가 '그만'이라고 말해 주어야 해요.

3. 이제 1분 동안 제자리에서 뛰어 보아요.

4. 1분 동안 뛰고 나서 곧바로 다시 1분 동안 맥박이 몇 번이나 뛰는지 세어 보세요.

5. 제자리에서 뛰기 전과 후의 맥박 수는 어떻게 달라졌나요?

이제 나도 과학 수사대!

과학 수사는 계속 앞으로 나아가고 있어요. 오랜 옛날에는 과학 지식으로 범죄를 해결하기 어려웠어요. 인간의 몸이나 물질, 힘의 작용에 관해 잘 알지 못했거든요. 과학 기술은 차차 발전해 왔고, 특히 지난 150년 동안 범죄를 해결하기 위한 실험 방법과 도구가 눈부시게 발전했지요.

과학 수사는 어떻게 발전해 왔을까요?

과학 수사대가 되고 싶다면, 과학 수업을 열심히 들어야 해. 세세한 부분에 주의를 기울이고 제대로 기록하는 훈련도 필요하지. 무엇보다 항상 정직하고 공정해야 해.

1888년 처음으로 사진이 범죄 현장의 세부 사항을 기록하는 데 쓰였어요.

1892년 처음으로 지문을 증거로 삼아 범죄를 해결했어요.

1910년 과학 수사 실험실을 세우고 미세 증거물을 조사하기 시작했어요.

1984년 경찰에 컴퓨터 증거물로 범죄를 해결하는 부서가 설치되었어요.

1987년 DNA 증거물이 처음으로 범죄 해결에 사용되었어요.

과학 수사 순서를 익히자

이제 여러분은 과학 수사대원이 되어, 처음으로 범죄 현장에 도착했어요. 어떤 순서로 일해야 할까요?

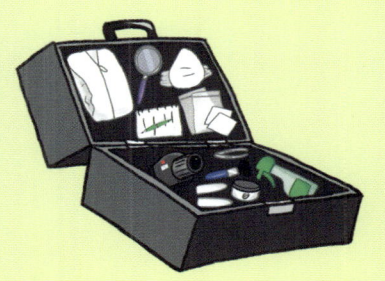

2. 모든 물건을 제자리에서 흩뜨리지 말고 조심스럽게 범죄 현장을 조사해요. 어떤 종류의 증거물을 찾을 수 있을지, 어떻게 수집할지 정해요.

1. 깨끗한 지퍼백이나 상자에 증거물을 담은 다음, 단단히 밀봉하고 이름표를 붙여요. 지퍼백에 여러분의 이름을 써서 누군가 여러분 몰래 열어 보지 못하도록 해요.

3. 미세 증거물과 DNA 증거물을 찾아요.

5. 깨끗한 장갑, 마스크, 보호복을 착용해요. 사건 현장을 경찰 통제선 테이프로 막아서 아무도 허락 없이 들어오지 못하게 해요.

4. 여러분이 찾아낸 증거물이 원래 어디 있었는지 확실하게 보여 주는 현장 사진을 찍어 두어요. 세세한 부분까지 전부 기록해요.

6. 밀봉한 증거물을 실험실로 가져갈 때는 여러분이 직접 하거나 믿을 수 있는 경찰관에게 맡겨야 해요. 증거물을 담은 지퍼백과 상자 목록을 모두 기록해 두어요.

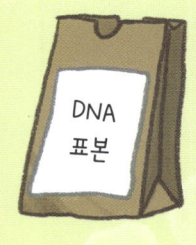 

7. 사건 현장을 담당한 경찰관에게 어떤 일이 있었는지 꼼꼼히 물어봐요.

57

깜짝 퀴즈

책 내용을 집중해서 잘 읽었나요? 다음 문제를 풀면서 이 책을 통해 알게 된 과학 수사 지식이 얼마나 되는지 확인해 보아요.

1. 이 지문은 고리무늬일까요, 소용돌이무늬일까요?

2. 다음 문장은 참일까요, 거짓일까요? "내 DNA는 엄마와 똑같고, 사촌과는 다르다."

3. 범죄 현장에서 찾을 수 있는 미세 증거물을 세 가지 적어 보세요.

4. 과학 수사대는 왜 마스크와 장갑, 보호복을 착용하고 덧신까지 신을까요?
   ① 경찰관이 과학 수사대를 쉽게 알아보도록 하려고.
   ② 입고 온 옷을 더럽히지 않으려고.
   ③ 과학 수사대의 몸이나 옷, 신발 등에서 나온 분비물이나 티끌로 범죄 현장을 훼손하지 않으려고.

5. 음파는 공기 중에서 얼마나 빨리 이동할까요?
   ① 1초에 34m
   ② 1초에 343m
   ③ 1초에 3434m

6. 아래 컴퓨터 파일 이름을 보고 어떤 것이 노래이고, 사진이고, 문서 파일인지 알아맞혀 보세요.
   - 쇼핑.doc
   - 휴일.jpg
   - 네가최고.mp3

7. 다음 중에서 용의자가 거짓말할 때 흔히 나타나는 증상 다섯 가지를 고르세요.
   - 심장 박동이 빨라진다.
   - 눈동자를 움직인다.
   - 침을 흘린다.
   - 입술을 오므린다.
   - 눈을 더 천천히 깜빡인다.
   - 호흡이 가빠진다.
   - 재채기가 나온다.
   - 얼굴이 붉어지고 땀이 난다.
   - 눈을 더 자주 깜빡인다.
   - 딸꾹질이 난다.

8. 다음 문장은 참일까요, 거짓일까요? "목격자들은 언제나 사실만을 말하려고 한다. 만약 목격자들의 진술에 차이가 있다면, 그중 한 명이 거짓말을 하고 있다는 뜻이다."

9. 성인은 보통 이가 몇 개 있을까요?
   ① 32개
   ② 36개
   ③ 40개

10. 용의자가 사용했을 수도 있는 펜을 찾아냈어요. 사실인지 확인하려면 펜에서 지문을 찾아야 할까요, DNA를 찾아야 할까요?

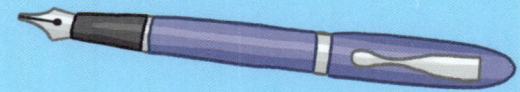

아래에 답을 다 적은 다음, 61쪽에 있는 정답과 비교해 보세요.

1. _____
2. _____
3. _____
4. _____
5. _____
6. _____
7. _____
8. _____
9. _____
10. _____

정답과 풀이

5쪽 3번 가방

9쪽 4번 용의자 돼지 퍼시

11쪽

15쪽 3번 용의자 풍경화가

17쪽

19쪽 3번 용의자

23쪽 3번 용의자

25쪽 나 지점 근처

29쪽

33쪽 유리컵에 깨끗한 물을 넣은 다음, 세 가지 가루를 각각 한 숟가락씩 떠 넣어요. 곧바로 타이머를 켜고, 가루가 녹도록 계속 저어요. 밀가루는 물에 녹지 않으므로, 그만 저으면 점점 유리컵 바닥에 가라앉아요. 설탕은 소금보다 물에 빨리 녹아요. 설탕과 소금의 양이 많을수록 물에 녹는 데 시간이 오래 걸리고, 녹는 시간의 차이도 더 벌어져요.

35쪽 비옷

37쪽 자석에 달라붙는 금속으로 만들어진 니켈 동전, 코발트 반지, 철 브로치.

41쪽 3번 용의자

43쪽 2번 용의자

47쪽 금고여는법.doc, 뉴욕은행지도.jpg, 침입일정.xls

49쪽

53쪽 사건이 일어난 오후 4시에, 1번 용의자는 붉은마을에 있는 친구 칼라네 집에 개를 맡겼을 것으로 짐작돼요. 이 알리바이가 사실인지 아닌지는 칼라에게 확인해 봐야 해요. 2번 용의자는 그 시각에 노란마을에서 꽃을 산 것으로 보여요. 확실히 하려면 피오나 꽃가게에 가서 확인해 봐야겠죠. 3번 용의자는 오후 4시에 알리바이가 없어요. 오후 3시쯤에 푸른마을 공원에서 1번 용의자를 만났고, 그 뒤에 공원 카페에서 30분 정도 시간을 보냈다고 했지요. 그러니까 3시 30분부터 '오즈의 마법사' 공연이 시작되는 7시까지 어디에 있었는지 알 수 없어요.

57쪽 7-5-2-3-4-1-6

58-59쪽 깜짝 퀴즈

1. 소용돌이무늬
2. 거짓. 모든 사람의 DNA 절반은 생물학적 엄마에게서, 절반은 생물학적 아빠에게서 얻어요. 그러므로 우리와 똑같은 DNA를 가진 사람은 이 세상에 없어요. 단, 일란성 쌍둥이가 아니라면 말이에요!
3. 발자국, 지문, 침, 피, 땀, 콧물, 머리카락, 흙, 페인트 자국, 깨진 유리 조각, 작은 천 조각이나 실오라기 등.
4. ③
5. ②
6. '네가최고.mp3'는 노래, '휴일.jpg'는 사진, '쇼핑.doc'는 문서일 가능성이 커요.
7. 심장 박동이 빨라진다. 입술을 오므린다. 호흡이 가빠진다. 얼굴이 붉어지고 땀이 난다. 눈을 더 자주 깜빡인다.
8. 거짓. 목격자들이 일부러 거짓말하려 들지 않아도 서로 기억하는 것에 차이가 있을 수 있어요.
9. ①
10. 지문과 DNA 둘 다 찾을 수 있어요! 또 쪽지에 쓰인 잉크와 펜의 잉크를 비교해서 일치하는지 확인해 볼 수도 있어요.

주요 개념

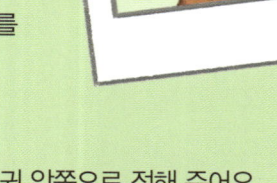

- **감염** 병을 일으키는 미생물이 동식물의 몸 안에 들어가 수를 늘리는 일.
- **고막** 귓구멍 안쪽에 있는 얇은 막으로, 공기의 진동을 귀 안쪽으로 전해 주어요. '귀청'이라고도 해요.
- **고체** 물질의 상태 중 일정한 모양과 부피를 유지하며 쉽게 변하지 않는 상태.
- **균류** 다른 동물이나 식물에 기대어 사는 곰팡이, 세균, 버섯 들을 이르는 말.
- **기지국** 전파를 주고받는 작은 통신 기관.
- **기체** 물질의 상태 중 모양과 부피가 일정하지 않은 채 자유롭게 움직이는 상태.
- **동맥** 심장에서 피를 온몸으로 보내는 혈관.
- **루미놀** 피와 만나 화학 반응이 일어나면 파란 형광을 내는 물질로, 핏자국을 찾는 데 써요.
- **맥박** 심장에서 나온 피가 심장 뛰는 속도에 맞춰 동맥의 벽에 닿아서 생기는 파동.
- **목격자** 어떤 일을 눈으로 직접 본 사람.
- **미생물** 현미경이 없으면 보이지 않을 만큼 아주 작은 생물. 세균이나 효모 등을 가리켜요.
- **미세 증거물** 머리카락, 천 조각, 실, 흙, 유리 조각을 비롯해 범죄가 일어날 때 떨어진 눈에 띄지 않을 만큼 작은 물건.
- **바이러스** 혼자 있을 때는 무생물 형태로 있다가, 살아 있는 생물의 세포에 들어가면 생물처럼 행동하고 제 몸을 복제해서 번식하면서 세포를 망가뜨려 병을 일으켜요.
- **방수** 물이 스며들거나 새지 않도록 막는 일.
- **보폭** 걸을 때 앞발부터 뒷발까지의 거리.
- **보호복** 추위나 더위, 세균 같은 위험으로부터 몸을 보호하기 위해, 또는 범죄 현장을 훼손하지 않기 위해 입는 옷.
- **세균(박테리아)** 세포 하나로 이루어진 미생물. 사람 몸에 들어와 병을 일으키거나 음식을 상하게 하고, 한편으로는 죽은 동식물을 썩혀서 자연으로 되돌리기도 해요.
- **세포** 생물을 이루는 기본 단위. 사람의 몸은 약 37조 개의 아주 작은 세포들로 이루어져 있어요.
- **신경과민** 작은 자극에도 민감한 반응을 보이는 불안정한 상태.
- **신축성** 물체가 늘어나고 줄어드는 성질.
- **아이오딘** 요오드라고도 하는 원소로, 다른 물질과 섞어서 상처를 소독하는 데 자주 쓰여요. 바닷말에 많이 들어 있어요.
- **알리바이** 범죄가 일어났을

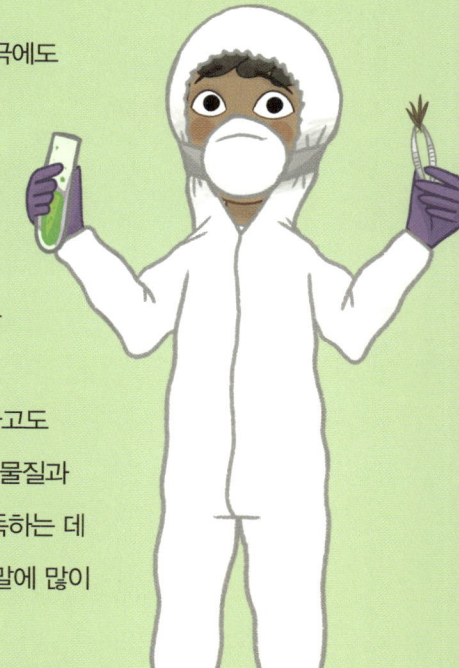

때, 어떤 사람이 그곳이 아닌 다른 곳에 있었음을 주장하여 무죄를 증명하는 방법.
- **액체** 물처럼 흐르는 물질의 상태. 부피는 일정하지만 형태가 일정하지 않아요.
- **용의자** 범죄를 저질렀다고 의심되어 조사받고 있는 사람.
- **용해** 물질을 액체 속에 넣을 때 녹아서 고르게 섞이는 일.
- **원자** 물질을 구성하는 기본 단위. 하나의 핵과 이를 둘러싼 여러 개의 전자로 이루어져 있어요.
- **위조** 누군가를 속이려고 진짜처럼 꾸며 만드는 일.
- **유전** 부모의 성격이나 체질 등이 자식에게 전해지는 일.
- **음파** 어떤 물질이 진동하면 이를 둘러싼 공기가 함께 떨리고 이 떨림이 음파 모양으로 퍼져 나가 소리가 들려요.
- **자기장** 자석 주위에 생기는, 자성이 영향을 미치는 공간.
- **자성** 쇠붙이를 끌어당기거나 남북을 가리키는 등 자석이 갖는 성질.
- **잠복기** 병을 일으키는 미생물이 몸에 들어간 뒤 증상이 나타날 때까지의 기간.
- **전염병** 세균이나 바이러스 등이 다른 생물체에 쉽게 옮아서 널리 유행하는 병.
- **중력** 질량이 있는 모든 물체가 서로 잡아당기는 힘. 특히 지구가 그 위에 있는 물체를 지구 중심으로 끌어당기는 힘.
- **증거물** 어떤 일이 사실인지 아닌지 근거가 되는 정보나 자료. 특히 어떤 범죄가 어떻게 일어났는지 증명하는 데 쓰여요.
- **증발** 어떤 물질이 액체에서 기체로 변하는 것.
- **지문(손가락무늬)** 손가락 끝마디 안쪽에 있는 살갗의 무늬로, 사람마다 조금씩 달라서 그 사람을 확인하는 데 사용해요.

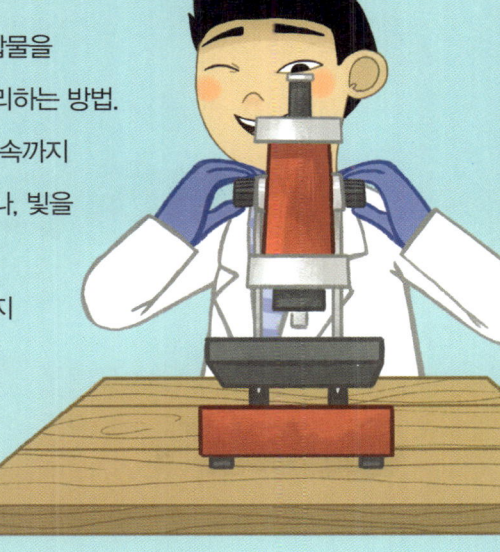

- **크로마토그래피** 혼합물을 각각의 성분으로 분리하는 방법.
- **투명** 물이나 유리가 속까지 환히 비치도록 맑거나, 빛을 잘 통과시키는 성질. 빛을 전혀 통과시키지 못하면 **불투명**. 빛을 일부만 통과시키면 **반투명**이라고 해요.
- **필적 감정** 글씨체를 검토하여 같은 사람이 쓴 것인지 판단하는 일.
- **홀씨(포자)** 곰팡이나 고사리 등이 암수가 만나는 방식이 아니라 홀로 번식할 수 있도록 하는 생식 세포.
- **화학 반응** 둘 이상의 물질이 만났을 때 양쪽 다 변화가 일어나 새로운 물질이 되는 과정.
- **확장자** 컴퓨터 파일 이름에서 파일의 종류와 기능을 표시하는 부분.
- **흡수력** 빨아서 거두어들이는 힘.
- **DNA** 거의 모든 생물의 세포 안에 있으며, 우리 몸의 세포가 어떻게 성장하고 무슨 기능을 할지 지시하는 내용이 담겨 있어요. 이 지시 사항은 부모에게서 자식으로 전달돼요.

추천하는 글

교육 방식에도 유행이 있어서, 한때 열풍을 일으키다 흔적 없이 사라지는 것들이 꽤 많습니다. 그런데 과학(Science), 기술(Technology), 공학(Engineering), 수학(Mathematics)에 통합적으로 접근하는 STEM 교육, 더 나아가 인문·예술(Art)을 결합한 STEAM 교육은 융합 인재 교육으로서 오랜 세월 주목받아 왔습니다. 단순한 지식 암기를 넘어서 융합적 사고력과 실생활 문제 해결력을 높임으로써, 4차 산업 혁명 시대를 맞아 인공 지능과 차별화된 인재를 양성하는 데 맞춤한 교육 방식이기 때문입니다. 〈별숲 어린이 STEM 학교〉 시리즈는 이러한 목표에 맞추어 우리 생활과 밀접한 개념과 지식이 깔끔한 그림과 함께 알기 쉬운 풀이로 나오고, 이어서 각 개념과 관련하여 직접 체험할 수 있는 재미난 활동 자료가 제공되어 통합적인 개념 파악과 응용이 가능합니다. 특히 이 책에 나온 활동들은 주변에서 쉽게 구할 수 있는 재료를 활용하여 특별한 준비 없이 지금 바로 할 수 있다는 것이 큰 장점이지요. 교육에 있어 그냥 듣기보다는 보고 듣는 것이 낫고, 또 그저 보고 듣기보다는 보고 듣고 만지고 활동하는 과정에서 아이들의 능력은 무한히 커집니다. 〈별숲 어린이 STEM 학교〉 시리즈는 과학 전반에 관심 있는 아이들에게는 한층 더 깊이 있는 탐구의 문을, 그렇지 못한 아이들에게는 쉽고 편안하게 과학의 세계에 들어갈 수 있는 문을 열어 줄 것입니다.

박근영(초등학교 교사, 초등 과학 및 SW 교육 전문가)